康小智图说系列·影响世界的中国传承

传播文明的印刷术

陈长海 编著　　海润阳光 绘

U0309017

山东人民出版社·济南

国家一级出版社 全国百佳图书出版单位

图书在版编目（CIP）数据

传播文明的印刷术 / 陈长海编著；海润阳光绘 . --
济南 : 山东人民出版社，2022.6（2025.1 重印）
（康小智图说系列 . 影响世界的中国传承）
ISBN 978-7-209-13259-6

Ⅰ . ①传… Ⅱ . ①陈… ②海… Ⅲ . ①印刷术－中国
－古代－儿童读物 Ⅳ . ① TS8-092

中国版本图书馆 CIP 数据核字（2022）第 062591 号

责任编辑：郑安琪　魏德鹏

传播文明的印刷术
CHUANBO WENMING DE YINSHUASHU

陈长海　编著　海润阳光　绘

主管单位	山东出版传媒股份有限公司	规　格	16 开（210mm×285mm）
出版发行	山东人民出版社	印　张	2
出 版 人	胡长青	字　数	25 千字
社　　址	济南市市中区舜耕路 517 号	版　次	2022 年 6 月第 1 版
邮　编	250003	印　次	2025 年 1 月第 2 次
电　话	总编室（0531）82098914	印　数	13001－16000
	市场部（0531）82098027	ISBN 978-7-209-13259-6	
网　址	http://www.sd-book.com.cn	定　价	29.80 元
印　装	河北鹏润印刷有限公司	经　销	新华书店

如有印装质量问题，请与出版社总编室联系调换。

序

  亲爱的小读者，我们中国不仅是世界四大文明古国之一，更是古老文明不曾中断的唯一国家。中华文明源远流长、博大精深，是中华民族独特的精神标识，为人类文明作出了巨大贡献，提供了强劲的发展动力。我们的"四大发明"造纸术、印刷术、火药和指南针，改变了整个世界的面貌，不论在文化上、军事上、航海上，还是其他方面。如果没有"四大发明"，人类文明的脚步不知道会放慢多少！

  "四大发明"只是中华民族千千万万发明创造的代表，中国丝绸、中国瓷器、中国美食、中国功夫……从古至今，也一直备受推崇。尤其值得我们自豪的是，这些古老的发明，问世之后，不仅造福中国人，也造福全人类；不仅千百年来传承不断，还一直在发展和创新。以丝绸为例，我们的先人在远古时期就注意到了蚕这样一只小小的昆虫，进而发明了丝绸。几千年来，丝绸织造工艺不断提升，陆上丝绸之路、海上丝绸之路不断开辟，丝绸成为全人类的宝贵财富。如今，蚕丝在医疗、食品、环境保护等各个领域都得到了广泛的应用，受到了人们的高度重视和期待。事实说明，中华民族不但善于发明创造，也善于传承创新。

  亲爱的小读者，本套丛书言简意赅，图文并茂，你在阅读中，一定可以感受到中国发明的来之不易和一代代能工巧匠的聪明智慧，发现蕴含其中的思想、文化和审美风范，从而对中华民族讲仁爱、重民本、守诚信、崇正义、尚和合、求大同的民族性格和"天下兴亡，匹夫有责"的爱国主义精神产生崇高的敬意和高度认同，增强做中国人的志气、骨气和底气。读完这套书，你会由衷地感叹：作为中国人，我倍感自豪！

侯仰军

2022 年 6 月 1 日

（侯仰军，历史学博士，中国民间文艺家协会分党组成员、副秘书长，编审）

印刷术诞生之前

印刷术是中国古代四大发明之一，是中国对世界文明作出的杰出贡献。它和造纸术结合，为保留和传播文化创造了新途径，改变了世界历史的进程。那么，印刷术是如何产生的呢？

汉字是中国人记录事情的书写符号。汉字的诞生、发展和字体演变的历史，孕育着印刷术的发明。

造纸术出现之前，人们将文字写在丝帛或竹简上，丝帛和竹简都不适合用来印刷。**东汉**的蔡伦改良了造纸术，纸张变得便宜而易得。造纸术的成熟推动了印刷术的产生。

古人书写绘画，离不开墨，印刷也同样离不开墨。墨的产生和发展，为印刷术的发明提供了前提条件。

早在**秦朝末年**，古人就会制作墨丸。到了**东汉**，制墨工艺有了突破，出现了模具压制的墨锭。

➝ 墨锭

印刷术诞生之前，想"拥有"一本书，就要向别人借书，一点点地抄下来。抄书非常辛苦，而且很容易出错。

大丈夫当建功业！我要去从军！

东汉时期著名的军事家班超就曾经做过为官府抄写文书的工作，后来投笔从戎，立下赫赫战功。

随着文化的发展，人们对书籍的需求大大增加，市面上出现了很多"畅销书"。

西晋著名文学家左思的《三都赋》名满天下，因为太多人想要抄写、收藏，用纸需求增加，导致洛阳的纸都涨价了。

后来，人们就用"洛阳纸贵"来形容某人的文章或者书籍受人欢迎。

古老的复制技术

由于抄书费时费力，古人逐渐产生了复制内容的想法。虽然当时没有印刷技术，但是与印刷相似的复制技术已经有很多，这些古老的复制技术为印刷术的出现提供了启发。

你可是在这份契约上盖了自己的印章了，到时候不按时还钱可不行。

当然！如果我还不上，您直接按契约来收我的田和房子。

早在**商代**，人们将姓名、官职或者机构的名称刻在印章上，印在文书或者契约上，表示自己会履行承诺。

大人，您买一块"出入大吉"吧，可以保您出入平安。

有一些印章上会刻吉利的词汇，以祈求祥瑞和财富。

印章蘸上颜料按在纸上，就能复制印章上刻的文字，并且可以重复使用。后来的雕版印刷很有可能是从印章中得到的灵感吧！

印章有官印和私印之分，且印纽形式不同。印纽是指印章顶部的雕刻装饰。一般来说，官印的印纽较复杂，私印的印纽相对简单。

龟纽

我是官印，我的一起一落代表的是官府的信用。

我是私印，我只能代表我主人的信用。

鼻纽

印章的材质也分为多种，地位越高的人，印章的材质越名贵。

象牙材质

我是木头做的。我的主人是一个普通人。

石头材质

牛角材质

我是象牙做的，我的主人可是有钱人！

木头材质

朕的印章名字要跟天下人的印章名字都不一样，以后朕的印章就叫"玺"。这个名字其他人都不许用！

秦始皇统一六国后，规定只有皇帝用的印章才能称为"玺"。

纸张出现之前，公文和书信都写在简牍上，然后卷起来用绳子捆扎好。用这种方法传递公文、书信，很容易被人拆开偷看。

一会儿我按原样用绳子系好，别人也不知道我看过！神不知鬼不觉！

为了保密，古人发明了封泥：在捆扎简牍的绳结处，封一块泥，然后在泥上盖上印章，并把泥烤干。人们以封泥上印章图案的完整与否判断信件是否被拆封过。

我们的情报没有被偷看！

成语"原封不动"中的"封"字就是"封泥"的意思。盖有印章的封泥具有保密的作用呢！

阳文

阴文

阳文、阴文是我国古代刻在器物上的文字类型，笔画凸起的叫阳文，笔画凹陷的叫阴文。盖在封泥上的印章一般刻成阴文，这样印在封泥上才会出现凸起的阳文。

秦汉时期，雕刻技术得到发展，人们用木戳在各种材质的器皿上印制铭文。手艺人还在自己制造的器物上盖上类似签名的印章。

这个陶壶是我的，这是从我爷爷辈传下来的。

大人，他撒谎。这个陶壶是我在城东陶器铺子买的，壶底还印着制陶工匠的名字呢。

西汉时期，为了让布料带有花纹，有人将花纹阳刻在木板上，然后刷上染料，这样就能将花纹印染到布料上。这种方法和雕版印刷很相似。

9

你们怎么抄的？这么多错别字！

辛辛苦苦抄了这么久，好不容易抄完了，居然好多地方都抄错了！

当时，很多经典作品通过人工手抄传播。传抄的书籍错误很多，我们现在学习古文时遇到的通假字，其中一部分就是古人的"笔误"。

为了解决这个问题，人们把书上的内容刻在石碑上，供人对照、勘误。**东汉**后期，在汉灵帝的支持下，著名文学家蔡邕把儒家经典著作刻在石碑上，让人们对照石碑校对自己手中的书。

於穆清廟肅雍顯相
濟濟多士秉文之
對越在天駿奔走
不顯不承無斁於人期

你是从外乡过来的吗？

是的，我专门从很远的地方来太学校对书籍的。

这些刻着儒家经典的石碑被立在最高学府太学门前，附近的人过来对照很方便，但是对于住得远的人来说，就比较麻烦了。于是，有人就用纸把石碑上的文字拓印下来，装订成拓本。

古代拓印技术

1. 把沾湿的纸贴在石碑上。

2. 让纸张紧贴石碑。

3. 趁纸未干的时候，用装有丝绵的小包蘸上墨汁，均匀地涂抹在纸上。

石碑上的刻字是凹陷的，因此不会沾上墨汁，而没有刻字的地方会沾上墨汁，所以拓下来的纸是黑底白字。

4. 揭下纸，得到一张黑底白字的复制品。

魏晋时期，有人趁着石碑看管不严，将经文拓印下来出售，拓印技术也因此传播开来。

你动作快点，一会儿万一有人过来就麻烦了！

11

开启印刷先河的雕版印刷术

隋唐时期，社会经济文化得到空前发展和繁荣，涌现出大量的文学作品。手抄书无法满足人们对书籍的需求。在古老复制技术的启发下，印刷术应运而生。

在石头上刻字费时费力，于是人们想到把字刻在容易雕刻的木板上。

工匠们将质地细密紧实的木材做成木板，然后在木板上刻字，再将木板上的字拓印下来，这就是雕版印刷术。当时雕版用木多为梓木，人们便用"付梓"指代印刷。

石头这么硬，刻字可真辛苦！

在木板上刻字轻松多了。

王兄，恭喜恭喜啊！您的大作终于付梓了。

江南可采莲　莲叶何田田　鱼戏莲叶间　鱼戏莲叶东　鱼戏莲叶西　鱼戏莲叶南　鱼戏莲叶北

木板拓印

少小离家老大回　乡音无改鬓毛衰　儿童相见不相识　笑问客从何处来

石碑拓印

石碑上刻字，字是凹下去的阴文，拓印下来是黑纸白字。而在木板上刻字则相反，字是凸起的阳文，拓印下来是白纸黑字。

> 这两幅字，一个是白纸黑字，一个是黑纸白字。

> 这就是阳文和阴文的区别啊！

集贤堂

隋末唐初时，雕版印刷术的使用范围还很小，只用于印佛经。

> 你这里有印刷版的《论语》吗？

随着唐朝社会生活的发展，雕版印刷术开始用于印刷其他领域的书籍。其中，历书最受欢迎。历书是指按照一定历法排列年、月、日、节气、纪念日等供查考的书。

> 没有！《论语》都是手抄本！要佛经的话，有印刷本。

> 今年的"芒种"什么时候开始啊？该开始准备种子了。

> 我查查历书就知道了。

当时，历法由国家制定和公布，历书也是官印。**唐文宗**时，集市上到处都是私人雕版刻印的历书，朝廷认为有失尊严，于是发布诏书严禁私印历书。

大胆刁民，居然敢私印历书贩卖！

我只是一个买书的。

唐朝后期，黄巢起义使得唐王朝岌岌可危，朝廷无暇打击私印历书。没了朝廷的限制，民间的雕版印刷如火如荼地发展起来。

相传，有两个人因为彼此私印的历书在大月、小月上相差了一天，还去找县官评理，这说明官府不再禁止私印历书，也说明雕版印刷术在民间使用得更加广泛。

就差一天，都对，都对！

大人，我刻的历书那是准得不能再准了！

我刻的才是对的！请大人评理！

胡闹！这民间印的儒家经典错误连篇，简直辱没斯文！

五代时期，官府开始大规模使用木板雕刻印刷。因当时市面上流行的儒家经典错漏百出，宰相冯道推出了官方刻印的"九经"。

大人，要论儒家经典，谁也没有您专业！您干脆出一套权威的版本吧！

当时，梨木、枣木是较好的雕版材料，如果用它们刻印质量低劣的书，就浪费了。成语"灾梨祸枣"的意思就是白白糟蹋了梨木、枣木，用来讽刺质量不好的书。

这是谁写的书？通篇废话！质量这么差就不该印刷出来，简直是灾梨祸枣！

15

宋代流行私人刻印书籍，很多人建造私人藏书楼来收藏自己刻印的书籍。直到现在，我国各地还有很多从古代保留下来的藏书阁。

位于宁波的天一阁是我国现存历史最悠久的私家藏书楼，也是世界上最古老的三大家族图书馆之一。

我觉得张兄这个版本真的是非常好！

我也觉得。

我这个确实花费了些工夫。

藏书家会将一些珍贵的手稿、罕见的文献，以及抄写精良、校对准确的手抄书进行翻刻、印制、收藏。

欧阳询

颜真卿

柳公权

宋代，书籍刊刻技术十分精湛，字体多样、精美，版式讲究。刻字者汲取欧阳询、颜真卿和柳公权等著名书法家的字体所长，创造出适宜刻版、印刷的字体。

我好不容易刻出来的书版，居然都受潮长出蘑菇了！这下全完了。

后来人们发现用来雕刻的木版不好保存，开始用铜版进行雕刻。

交子太不好仿造了，这么容易就被识破了。

你这张交子伪造得这么假也敢拿出来坑蒙拐骗？跟我一起见官去吧！

我国最早的纸币"交子"就是用铜版印刷的，用铜版印刷出来的线条细密，图案精致，不易仿造。

版画让书变身图书

随着雕版印刷的发展，人们开始尝试在书中加入插图等更能吸引人的东西，"图书"就出现了。

最早出现的版画多是宗教画，隋唐、五代时的版画以佛像为主。

《金刚经》是世界上现存最早的、有明确日期记载的印刷品，其扉图中刻画了21个人物形象。

宋代以后，随着手工业的繁荣和科学技术的进步，版画进入文学、艺术、医学、科学等领域，对知识普及起到促进作用。

北宋的《武经总要》，是我国古代最具影响力的军事百科全书，里面不仅有详细的文字介绍，还配有超过200幅插图，涉及兵器制造及使用方法等。

老板，给我推荐一本医药学方面的书吧！

北宋苏颂主持编撰的《本草图经》是我国第一部版刻药物图谱，也是我国本草学历史上一个重要的里程碑。

那你一定要看看《本草图经》。这本书不仅用文字记载了药物的产地、性质、用途等，还配有大量辅助说明药物形态的插图。

这是一本讲造物技艺的书，你能看得懂吗？

当然看得懂，里面有详细的图。文字搭配图，很好理解。

明清时期，版画刻印技术达到了巅峰。图画的出现让书中的内容变得生动易懂。当时，很多重要的书都有插图，文字和图画结合在一起，所以把书叫作"图书"。

其实早在宋代，民间就会用雕版印刷术印制年画。每逢过新年，家家户户都会在门上贴上一对门神，祈求平安吉祥。

明代还出现了拱花印刷法。不用墨和颜料，将纸张放置在雕有相同图案、凹凸相对的木版之间，压印出花纹。拱花印刷法印出的花纹凹凸有致，富有立体感。

让书籍焕发色彩的印刷术

除了给书配上插图外，人们对书中文字、插图的颜色也有了新要求，于是彩色印刷技术出现了。

套色印法可以同时将两种颜色一次印好。看这颜色多漂亮！

北宋初年，"交子"使用了套色（shǎi）印法，即在同一块雕好的版上，将不同的内容分别涂上不同的颜色进行印刷。

元代，人们将墨色和朱红色分别刷在木版上，印出了朱墨分明的书籍，这就是"朱墨别书"。

这本书用了朱墨两种颜色，朱红色批注黑墨色字，对比真清晰！

用套色印法印出的颜色容易晕染，于是，人们将一页书的不同内容分别刻在几张大小相同的书版上，每张书版各涂一种颜色，逐版印在同一张纸上，这就是"套版"或"套印"。

明代，套色印刷得到广泛应用，许多书坊尝试用更多颜色来印刷图书。

快来看看我们店的书，三色印刷，非常好看！

我们店的书统一是四色印刷，颜色更丰富！

明代的方于鲁、程大约两位制墨大师分别主持编撰的《方氏墨谱》和《程氏墨苑》均为中国版画的精品，后者更将套色印刷技术推向了高峰。

程大约

我的《程式墨苑》里面不但有墨印，还有彩印，比你的色彩多！

方于鲁

我的《方氏墨谱》是版画中的精品！

1. 套印树干。

2. 套印果实。

3. 套印叶子。

4. 形成一幅完整的画。

后来，人们又发明了饾（dòu）版印刷术。将图画按照不同颜色分别勾摹在不同的木版上，根据由浅到深的顺序依次进行套印，最后形成一幅完整的图。这些小木版很像古代的一种五色饾饤，所以称为饾版印刷。

"化整为零"的活字印刷术

雕版印刷的一整版内容是一个整体，如果某处刻错或书籍不再印刷就会使整版报废。为改进雕版印刷的这个缺点，活字印刷术诞生了。

毕昇

给我100文钱，这些木版就卖给你了。

这些木版上的内容已经过时了，又不能印书，只能拉回家当柴火烧，我最多只出50文钱。

宋代的印书工匠毕昇看到大量木版被浪费，于是想到把雕版的内容"化整为零"，发明了活字印刷术。

活字印刷术

1. 用胶泥刻出单个字的阳文，并做成大小一致的字模。

2. 对照书上内容，将字模按顺序排在四周带框、底部有药剂的铁板上。

3. 加热铁板融化药剂，使字模紧密排列并固定在铁板上。

这些单个拆下来的字模，还可以继续使用，减少了浪费。

4. 给整面字模刷上墨，然后将一张纸紧贴在字模上。

5. 印制完成后，将纸张轻轻揭下来，字就印在纸上了。再加热铁板，融化药剂，拿下字模。

23

元代的农学家王祯又发明出木活字印刷，即将字刻在木板上，再将字块锯下来，并修整成大小一致的木活字块。

木活字的材质比泥活字的材质要好一些，但是排版方式没有改进，都需要很多工人一起来来回回地找字，很不方便。

王祯

这篇文章的字数太多了，咱们都拣了一天字了，还没完成，怎么办啊？

于是，王祯开始思考新的排版方式，他发明了转轮排字盘。将木活字按古代韵书的分类法，分别放入轮盘内的格子里。排版时，一人读稿，一人转动字盘找字，大大提高了工作效率。

后来，王祯根据木活字制作、排版的技艺总结出《造活字印书法》一文。

印刷术的改进提高了印刷效率，降低了印刷成本。到了**明代**，有更多书籍开始使用木活字印刷。条件好的人家甚至用木活字印家谱，还出现了专门刻印或排印家谱的工匠。

王氏族谱

吕氏族谱

25

铜活字果真不再吸水变形了，印出来的字都好清晰啊！

早在**商周**时期，古人就掌握了铸造青铜器皿的技术，受此启发，人们想到制作铜活字。铜活字印刷易附墨，效果很好。

老板，这两本书是同样的内容，为什么一个卖50文，一个卖10两呢？

这本是铜活字印刷的，非常精良，当然贵啦！

但是铜活字制作难度大、印刷成本高，很难推广开。而且古时候铜比较值钱，有些印刷工人会偷走铜活字去铸造铜钱，导致无法印刷。

糟糕，少了几个字！这下怎么印啊？

印刷术给世界带来的改变

　　中国的印刷术发明后，先传到了邻国，后来又西传至西亚、北非一带，最后传入欧洲。德国人谷登堡改良了中国的活字印刷术，发明了铅活字印刷术，促进了欧洲的文化发展。

日本的遣唐使和留学生将唐朝的印本书带到日本，这使日本成为继中国之后第二个发展木版印刷的国家。

这不是抄的，是印的。

这本书里的字怎么这么整齐啊？是一个人抄的吗？

我们是专程来学习贵国印钞之法的，请将这个技能传授给我们。

元代时，乞合都汗想要在伊利汗国印刷发行纸币，这使得印刷术在阿拉伯半岛传开。

受中国活字印刷术的启发，德国人谷登堡于 15 世纪中叶发明了铅活字印刷术。铅活字印刷术印刷速度快，使得印刷成本下降。它加快了知识和文化的传播，推动了欧洲乃至整个世界的文化发展和传播。

铅活字印刷术真是个伟大的发明。看书的人多了，我的书更好卖了！哈哈哈！

反正又不贵，没事看看，打发一下时间！

你也来买书？

现代印刷术的新征程

20 世纪 70 年代，印刷术经历了一场新的革命——电子计算机走进了印刷界。它的到来，宣告了铅与火的时代结束了。人们解开铅与火的束缚，踏上印刷领域的新征程……

人们将文字内容输入计算机，借助排版软件对已录入文字进行排版，设置字体、字号等，然后用打印机或激光印字机打印出来。

我国著名科学家王选发明的"计算机——激光汉字编辑排版系统"可以将精密的汉字输入计算机并打印。

丝网印刷借助带图文的丝网镂孔版和印料，通过刮印得到图案和文字。它可以在成型的产品上直接印图案和文字。

太精美了！

UV 上光印刷加工工艺能让印刷品看上去像附着了一层"油"，使得图案和文字更加鲜艳、亮丽。

这个图案的 UV 工艺好漂亮！

随着现代印刷术的发展，人们又发明了一种立体打印技术——3D 打印技术。3D 打印机内装有粉末状金属或塑料等"打印材料"，通过计算机把"打印材料"一层层叠加起来，将计算机中的设计图转化为实物。

3D